人生不必太用力

[日] 高桥幸枝 著
范宏涛 译

北京联合出版公司
Beijing United Publishing Co.,Ltd.

只 为 优 质 阅 读

好
读
———
Goodreads

序言

*

2016年，在我99岁，也就是即将迎来百岁人生的时候，《人生不必太用力》这本书顺利付梓。

感谢众位读者的认可，本书才有幸再版。

此后三年，我已经到了102岁。如果说变化，那么大概就是让助手每周帮我买两次东西，或者帮我搞一搞卫生清理吧。总体来说，每天还是那样云淡风轻，充满活力。

想到此，我觉得撰写此书就有了底气。我想，如果这种便携的文库本能将我百岁人生的些许感悟传递给大家，能给大家带来一点帮助的话，我将不胜欣喜。

高桥幸枝

2019年6月

译者序

用审美的心,感悟生活

《人生不必太用力》这本书翻译完了,整个过程轻松怡然,没有感受到像翻译其他著作那样"翻"山越岭"译"路走来的辛苦,更没有苦思冥想抓耳挠腮的急迫。作者高桥幸枝女士——一位年逾百岁的心理医生,用最简单、最平和、最真诚而淳朴的语言,将自己的人生体验融入工作和生活中。因此,这本书与其说是心理医生的建议,莫如说是个老奶奶的日常关爱。作为本书的译者,当然也是本书的治愈者,我想围绕几个"关键词"谈点浅见,与大家分享。

第一,"物纷"。"物纷"原意为"事物纷乱",这和日本文化中的"物哀"在结构上有相通之处,在含蕴上也有一些相似的地方。不过引申为写作方式的时候,"物纷"一般就可以理解为不矫揉不造作的原生态，不添油不加醋的真实感，不试图讲大道理大逻辑的平常心。翻阅本书大家不难发现，虽然全书内容分为五章，由五个主题组成，但每个主题中的每一个小节，或者说小故事，看似紧密，但同时又各自独立。这就像原本每个形态不同、位置不一的米粒，放在一起蒸出来后却会自然而然地成为一碗香喷喷的米饭一样。

本书作者在写作的时候本身并无意去谋篇布局，也没有说非得定个时间顺序、逻辑关系、故事情节之类的东西，更无意从长辈的角度指手画脚自命高明，而只是将自己作为一名心理医生和一位百岁老人的日常感受、生活体验原原本本地表达出来。这种"物纷"的写法，这种真实的表达，如春风拂面，如细雨无声，不加修饰，娓娓道来，于平淡中却能见出生活的自然之美、平和之趣。当我们面对纷繁复杂的世界，面对人生的千头万绪，回头再看看自然原本的模样，也许会豁然许多。

第二，"诚"。《易》曰："修辞立其诚。""诚"最早是中国哲学伦理学的重要范畴，《中庸》《孟子》中皆有"诚者天之道"之说。"诚"这一概念传入日本后，日本人加以吸收和改造，适当地剥离了其中抽象的义理辨析,并逐渐将其融入作者的审美修养之中。

书中作者所提到的生活方式、生活趣味,健康、交友、心态等,其实自始至终都贯穿着一个"诚"字。有了"诚",自然就有了"真"与"实"。在日语中,"诚""真""实"三者的训读正好都是"まこと",而"まこと"又可以解析为"真事""真言"。可以说,作者以其百年人生体验为基础,融合了生活中的点滴故事和治病救人的经历。比如,面对疾病,她也曾焦虑不安;想到死亡,她也曾畏惧不已;接诊病人时,她也曾有过无奈;她坦言遇到过喜欢的人,但最终未能携手相依……

因为真诚,同事们信任她,与她通力协作;因为真诚,患者从她那里得到了福音;因为真诚,她和周围的人和睦相处。当然,正是因为真诚,她才敢爱敢恨,认为"拒绝也是爱的呈现"。"诚"是大智慧,是一种博大包容的审美心胸,是为人处世的基本格局。作者以"诚"心做"诚"事,让自己的每一天都尽可能充实而快乐。真诚地讲述自己的故事,坦率地表现自己的内心世界,以我手写我心,这种和中华传统"真""善""美"相统一,同时又别具日本特色的书写态度,也正是本书的魅力之一。

第三,"侘寂"。可以说,"侘寂"源于禅宗,兴于茶道，称得上日本生活美学的重要组成。《人生不必太用力》这本书虽然涉及的故事、小片段很多，但归根结底是在讲生活。而日本的生活美学，主要的大概就是"侘寂"了。所谓"侘寂"，看似有"人在宅中，孤独寂寞"的意思，实则不然。日本人将这种我们一般认为带有消极、无奈的含蕴加以转化，形成积极的生活态度。

本书作者高桥幸枝女士终生未婚，独自生活。尽管百岁高龄，但依然将生活安排得十分妥当。年轻时，敢于追求自己的兴趣并为之努力，与此同时，却能合理地定位好自己的角色，不与人攀比。上了年纪之后，尽可能自食其力，不麻烦别人。每一天，都争取让生活有仪式感。基本的物质保障与充盈的内心世界，让她有了"侘寂"生活的基础。或者更为妥当地说，"侘寂"的生活，是她本身的追求。毋庸置疑，这样的生活态度和自觉追求均以自我内心的真正需求为核心，以实现人生价值为导向。也就是说，只有在铅华洗尽后努力做好自己，看淡别人的眼光，才是平淡生活中持续前行的不竭动力。

此前我翻译的另一本书，作者的年龄、身份与本书作者基本相仿，人生经历也有不少相同之处。她虽然有家庭有子孙，并和他们住在同一个小区，但一周约定只聚一次。在日本老人看来，这不是人情寡淡，也谈不上子女不孝，而是各自安守各自的空间而不去侵犯别人的空间，尽量做好自己的事，将"人在宅中"的孤寂，转化成自食其力、自我充足的快乐。这样的快乐没有那么浓郁和热烈，却有淡淡的清香，时间越久，大概越能挥发出持续的醇厚。

第四，就是"加减"。"加减"中文里经常用，日文里也是比较常见的词语。两者含义虽有不同之处，但从本质上来说，却能贯穿起来。中文中的"加减"，可以表示加减法，也可以说增加、减少。比如，冷的时候"加衣"，热的时候"减衣"；上坡的时候"加速"，下坡的时候"减速"等，一般都是通过这样的"加减"来调节平衡，保持基本的运行规律。在日文中，"加减"的主要含义就是调节、斟酌、量力而为，不放弃但又不胶着，敢作为但又不执念。简而言之，就是把握好"度"。因此，"加减"作为本书的关键词，也是作者要传达给大家的生活理念。

既然"加减"是一组矛盾，那么本书所讲的部分内容，当然也涉及矛盾统一，因而绝非偏执一方、顽固拘泥，一条路走到黑。比如，作者认为要定位好自己的角色，不要太在意别人，但同时也要学会为别人奉献；既要以"侘寂"的姿态归置好自己的生活，同时不要成为"孤立贵族"，努力学会交往和倾听；既不要归于执念，也要敢于挑战；面对衰老，同时保持童心。诸如此类，不胜枚举。

我们知道，万事万物没有绝对，把握好度，做好"加减"，是人生必不可少的修炼。本书的每一章标题都含有"加减"，我在翻译的过程中根据情况适当转换，译为调节、调整、保持、学会等，也是希望给大家一个范围，一个可以供大家参考的"度"或者"尺度"，让各位读者在阅读的时候，能够结合自己的具体情况灵活掌握。

让我们随着高桥幸枝女士的笔触，感悟平凡人生中的充实与快乐，学会爱自己、爱别人、爱生活。作为译者，也衷心希望这本书能给大家带来收获。我也愿意与大家共勉。

范宏涛

2021.5.8

前言

*

33岁时，我成了一名医生。49岁时，我将诊室迁至神奈川县秦野市，取名"秦野医院"，同时加设了精神科，并担任院长。

如今我不仅兼任"秦和会"这一医疗法人社团的理事长，而且还运营援助机构，致力于为患者提供力所能及的帮助。

比如，这些机构包括专门为精神、心理疾病患者提供援助的康复设施、就业部门、日间护理服务部门等。这些机构和设施不仅可以满足患者就诊需要，还致力于"贴近患者的人生需求"。通过这些管理工作，我受益匪浅。

当了半个世纪的精神科医生，我从患者身上学到了很多东西。因此，我如今斗胆执笔，想把这些人生感悟告诉更多有需要的人。

当然，所谓人生感悟，其实并不是什么高深莫测的东西，完全可以比较容易地付诸大家的实践当中。

本书所介绍的40条感悟，有的可以简单操作，有的也可一跃而过。

至于"做"还是"不做"，大家可以先考虑10秒钟。如果本身内心不定，10秒内也会很难回应。

因此说到这里，平时保持一颗平稳的心就显得十分可贵。

从平常的小事做起，来探索自己的做事"尺度"。

我衷心希望，本书能为大家提供帮助。

高桥幸枝

目录

*

第一章
坦率地接受每一天

1 人生本是发现自我的旅行 / 002

2 美可以排遣苦闷 / 006

3 过于在意别人，只会损害自己 / 010

4 一切不幸，都始于攀比 / 014

5 过于执着，会丧失真正需要的东西 / 018

6 要认识到自己承担的角色 / 022

7 大家只是害怕"迈出第一步" / 026

8 在黑暗的隧道中心怀期待 / 030

9 众人皆不想死 / 034

*

第二章

有趣的灵魂万里挑一

---

1 家电之类的东西,要学会自己修理 / 040

2 即使上了80岁,也要尝试新趣味 / 044

3 早上的仪式感,让生活更美满 / 048

4 没有比电视机更为合适的"伴侣" / 052

5 如果觉得孤寂,不如种些绿植陪伴你 / 056

6 和别人聊几句,也能温馨如怡 / 060

7 要想幸福,就要和周围人和睦相处 / 064

8 有梦想,就无须彷徨 / 068

*

第三章
健康的身体比什么都重要

1　病从口入　/　074
2　要控制脂肪，吃点鱼和肉也无妨　/　078
3　调好室温，事关生命　/　082
4　学会选服装，幸福寿更长　/　086
5　某些"不方便"也许有益身体　/　090
6　睡不着的时候，也不要过于勉强　/　093
7　不是每个人都会患老年性痴呆　/　097
8　吃药应遵照主治医师的建议　/　101
9　患病入院也是适当调整　/　105
10　独自烦恼，容易生病　/　109

*

第四章
没有人是一座孤岛

1　不要成为"独立贵族" ／ 114

2　不存在价值观完全一致的人 ／ 118

3　善谈比寡默好十倍 ／ 121

4　即便是音痴,也要先放声歌唱 ／ 125

5　善于倾听是否更受欢迎 ／ 129

6　不要侵犯对方的空间 ／ 133

7　拒绝也是爱的呈现 ／ 136

*

第五章

愿你被这个世界温柔以待

1 一点一滴,也许就能帮助别人 / 142

2 多说温馨的话语 / 146

3 到了一定岁数,就不要太念往昔 / 150

4 太多的人都忘记了"奉献的快乐" / 153

5 没有语言,就无法传递温暖 / 157

6 突如其来的电话,有可能是"永别" / 160

结语 / 165

第一章

坦率地接受每一天

*

1

人生本是发现自我的旅行

*

万事万物，皆有法度，也就是我们所说的"量力而为"。所谓适中，因人不同。只有认真探索，一一把握，才能真正地生活。

//

这本书，会与大家聊一聊人生如何量力而为。

所谓量力，其含义本身就很细腻，很难捉摸。加之每个人的情况又各不相同，因而更难把握。也就是说，我们想要知道如何量力，既没有现成的标准，也很难找到模仿的对象。

实际上，只要做好自己的定位并贯彻执行，就能言行一致，有始有终。

有过一次量力而为的经历之后，你的烦恼就会飘到九霄云外。

对此，我们先从经常感受到的量力之难说起。

近年来，有一半日本人因癌症去世。我对这些患者，也给予了更多的关注和关心。

我年轻的时候，医疗技术还很落后，那时癌症就等于死亡。因此，当患者被告知"患癌"时，他们的感受比现在更加敏感。

我曾经也问过同行，对方告诉我以前不会告诉患者本人患了癌症，这是"常识"。

这种情况下，医生会和患者家属反复商量，琢磨如何隐瞒病情，并为此费尽心思。

如今，切切实实地告诉患者本人患癌的种类及治疗方案变成了"常识"。在这里，有医疗技术进步的成分。与此前相比，我们应当心存感激。

但是，纵然时代变化，科技发展，一旦确诊患了癌症，也总会产生不安乃至恐惧，让自己充满压力。

有个朋友曾告诉我"自己癌症治疗持续了10年，但病情没有变重，也没有特别变化，连药物和治疗都停了"。

我并非癌症方面的专家，但对朋友的勇气深深感动。我想，这是对方深思熟虑之后的说法，其言语中表明自己要"和疾病和平相处"。

无须与癌症硬碰硬，也许癌症就会逐渐消停。我想，学会与癌症共生十分重要，保持愉快的心情也必不可少。

在精神科的治疗中，"让我来倾听一下您的痛苦"似乎比什么都珍贵。这也是医学的真正姿态。

然而现实生活中,"让我来倾听一下您的痛苦"还远远不够。

以前,人人常说"量力而为"。

这原本是在使用药物剂量时所用的话,后来却扩展到了人生的方方面面。

只要遵从内心量力而为,困难总会迎刃而解。

尽管每个人的感受不同,但年逾百岁的我对此深信不疑。

2

美可以排遣苦闷

*

身处不幸的旋涡时，目之所及，尽是苦楚。越是这种时候，越需要改变自己的视野。

因为，世间还充满了你前所未见的美。

//

有个40多岁的男性患者，体重大概80千克，看起来十分魁梧。他虽然在秦野医院住院，但仍然以"院外作业"的形式上班，这种生活前后持续了好几个月。

有一天，天很冷，我在医院和他擦肩而过时顺便打招呼说："天真冷，太不容易了。"没想到，他居然回答说："愁苦太多了。"

这话从一个强大的男人嘴里说出来，令我感到十分意外。

虽然每天都去上班，不过我知道从昨天开始他已经在休息。

聊过之后，他告诉我因为自己是从我们医院去公司上班，因而受到了同事的各种非难，甚至被骂是浑蛋。

一般来说，从医院去公司上班的人，应该不会招致那么多同事明目张胆的批评或不满,况且我还听说他们单位的人对他的情况都给予了一定的理解。

于是,我问他:"我觉得没人说你是浑蛋,如果你觉得'愁苦太多了'的话,不妨稍稍调整一下。要知道,你们公司的董事长还老表扬你,并且告诉我希望你回去继续工作呢。"

此后,他是否重拾信心我尚不敢断言,但是从第二天开始,他依然准时到公司上班。

他那句"愁苦太多了",勾起了我的回忆。

我出生在新潟县新潟市,上小学的时候,我们就搬到了高田市(现上越市)——日本少有的几个经常下暴雪的地区,此后一直到女高毕业。

对我来说,小时候最大的愁苦记忆便是"雪"。

印象中的雪可怕而令人厌恶,这种记忆纵然时过境迁也依然无法拂去。想着想着,那天就睡着了。

第二天,秦野也下起了雪。

少女时代令人厌恶的雪,当时却呈现出一片清爽洁白之色,让人顿生美感。

"真像瑞士的雪山呀!"我不由自主地跑出门外,踏雪寻趣。雪那异乎寻常的美,将此前"愁苦太多了"的感受，一下子从心底扫了个精光。

人生的苦持续不断，就难以产生快乐之感。我提到的男性患者，就属于这种状况。

但是，这种状况，也可以通过某种契机快速恢复。

异乎寻常的存在或者美丽的东西，就有可能让心情一下转好。对此，请大家务必牢记。

3

过于在意别人,只会损害自己

*

内心越是纯粹，越是对周围的人和蔼，就越不容易让他人一言一行干扰自己。只要学会"温柔以待"，自己的人生就会更精彩。

//

我是个左撇子，因此打小就受到很多无谓的关注。

记得三四岁的时候，我开始拿筷子吃饭。那时只要去生人堆里吃饭，就一定会听到"你是左撇子呀"之类的话。

更不可思议的是，只要一个人这么说，周围的人都会不约而同逐一响应："哇，幸枝原来是左撇子。"瞬间，羞耻、可怜、悲哀一下子袭上心来。

饱受这样的懊恼和羞耻，我开始从拿筷子和执笔反复练习，终于学会了右手持东西。

不过，除了吃饭和握笔之外，我还是习惯用左手。即便10岁之后都是快乐体验，但"左撇子"的劣等感，依然在我内心盘桓。

更为痛苦的，是在网球或乒乓球比赛的时候。

那时，我会因对手说我"左手拿拍呀"而感到不舒服，所以即便受邀，我也经常拒绝，说"我不会玩"。

正因如此，虽然如今年逾百岁，但每每想起自己没能体验运动的快乐，仍然会深感遗憾，并对自己的狭隘懊悔不已。

30多岁的时候，我对世间之事有了基本感悟，也多了一些豁达，但是"左撇子"的劣等感，依然未能烟消云散。

最终，当我站在对方的立场上去理解他们的社交话语时，才敏锐地感受到别人的话其实有"空泛"的一面。

到了适当的年纪，心态和孩提时代已迥然不同，因为我发现"你是左撇子呀"这一固有表达中，似乎隐含着"左撇子的人好像比较聪明"之类的赞许。

于是，当我意识到这样的寒暄"别无他意"的时候，"左撇子"的劣等感便随风飘散，我也开始对社交辞令露出笑脸。

别人说我是"左撇子"其实并无任何特殊含义，多数情况下只是交流中的润滑剂而已。

至于说恶意或者轻蔑，更无从谈起。

当我一一切实感受到"别人的话别无他意"后，如今竟然觉得年轻了许多。确切地说,可能是活得更纯粹了吧。

这句话,大概适用于所有内心复杂的人。

我不知道,你有没有类似烦恼?

若有,我希望你"不要在意别人的无意之言"。

4

一切不幸,都始于攀比

*

将自己和周围的人相比,是一种本能。但是,比较的时候,要保证不能让自己失去自信。对此,我们要探索得当,把握好限度。

//

每个人,都是在与他人的比较中立身处世。

了解周围的情况,才能知道如何调整自己的人生轨迹。这是一个十分重大的问题,在生命终结之前,我们都在不断处理这种"平衡感"。

然而,"过于注重与人攀比"或"不管不顾别人的存在",都会出现问题。

作为精神科医师,我当然深知这一道理。但是,作为凡夫俗子,做事时会出现明显的偏颇。

30年前,有位朋友告诉我说她的科研著作最近出版了,并送了我一本大作。这位朋友是名医生,也是学者,她不但每天要忙着接待病人,还要执笔著述。

我此前就听说她工作繁忙,但是看到她竟还能在百忙之中抽时间写书,不禁大为吃惊。

她送我书的时候，恰恰是秦野医院院报文稿的截稿日期。

我本来写东西就慢。正在不知如何下笔的时候，恰好获得了她的赠书，顿时丧失了继续写下去的自信。

院报发行是一项持续了多年的活动，这项工作不需要花费太多时间，文稿写起来也很顺手。然而对此，我却总也打不起精神，觉得"大脑里连书写的材料都浮现不出来"。

审视过自己后，我发现自己一天之中会屡屡被朋友的才能和努力所感动，觉得"她在百忙之中，竟然能写出这么一部大部头的著作，而我连院报的文稿都写不出来……"。

那时，我发现自己患上了"因劣等感而引发的相当于自信丧失后的忧郁症"。虽说是"忧郁症"，但还比较轻，大概只能算是眼前的"忧郁症状态"。

为了摆脱这种状态，只能切切实实地逐一做点"力所能及的事"来重拾自信。

比如，可以从认真扫地、洗衣和做饭做起，通过完成小目标来肯定自己"我也可以"。这一点非常重要。

如果停留在"我比她差"而自暴自弃，就有可能不想动弹，或者干脆懒得洗脸。

实际上，我在诊室经常遇到这样的患者。

如果非要和别人比，那就行动起来。

然后，努力做一些力所能及的事情。

5

过于执着，会丧失真正需要的东西

*

昨天还是"黑",一夜之间就可能变成"白"。世间之事,往往说不清道不明。因此,要珍惜当下,快乐地生活,而不要执着于过往。

///

秦野医院和医院精神科同时开设了50年。也就是说,半个世纪以来,我们都在努力运营。岁月漫长,恍如隔世,但从中获得的经验,我想给大家谈一谈。

所谓经验,一言以蔽之,就是"世上没有绝对的东西"。

人生在世,与社会和时代密切相关。

执着于某一特定事物,注定会疲惫不堪。因此,最重要的是能灵活应对、临机应变。

虽说医院本身属于医疗部门,但是来自政府的规则很多,而且还会受到非常严格的限制监管。作为运营方,我们有自己的理想和理念,想为患者提供最好的医疗和服务,但前提是必须遵守"既定规则"。仅此一项,就颇费心力。

更为麻烦的是,这些规则有时会随着时代的变化而出现180度转弯。

比如,创办医院的时候,我们一致认为"对重症精神病患者来说,最好的治疗就是隔离"。因此,一般每间病房都是封闭构造,其设计初衷就是更好地照管病人。

在这种情况下,就经常发生患者"逃走"的事件。因此,寻找"逃走"的患者,成了我们的主要工作。

当然,在"追逃"的过程中要注重建立密切的人际关系,不要让患者觉得自己是在乱跑而被人穷追不舍。

随着时代进步,面向精神病患者的药物研发取得了飞跃发展,药效也得到了进一步提高,因此精神科的治疗方向,也发生了明显变化。在这种情况下,我们制定了"精神科的病房应更加开放""不需要病人长期住院"或者"相比住院治疗,来院就诊更好"的方针。

方针的重大调整,给医院也带来了不小的影响。

比如,原本应该住院的患者,现在改成了来院治疗,因此会出现一些突发事件或者事故。

每当看到这些问题,就想起"也许任何事都没有绝对正确"的道理。

此外,与带着"迄今正确"的想法去做事情相比,突然被贴上了"不正确"的标签而不得不改变方向会给人很大压力。所以,为了守心静气,就不要过于在意。

对我来说,经营医院是我人生的第一目标。因此,无论规则如何变化,不管愿不愿意都得接受。医院如果无法经营下去,才是最大的悲剧。

如果你是一个对任何事都过于执着的人,那么请想一下"自己首要的目标是什么"。

明白"为了某事,就得干脆放弃什么",才能更好地放弃执念,放手一搏。

6

要认识到自己承担的角色

*

不同的人，被赋予了不同的"角色"。因此，认识到自己被赋予的角色，然后每天努力坚持，生活就会变得更加美好。

//

我觉得，自己的人生就是在"医生"这条路上愚直地行走。

选择当医生的时候虽然比较晚，但当了医生之后我心无旁骛，一路前行。

经常有人问我："您100多岁了，为什么还能这么拼？"我的回答永远都是："因为我将工作视为自己的使命。"

也许有人期待我说出"本身就有商业才能，所以才经营得这么好"之类的话，但实际上，其中苦与乐，唯有自己知道。

具体而言，就是说我并非"生下来就聪明，然后不费劲就当了医生"。对此，我们不妨回顾一二。

我从新潟县高田高等女子学校毕业后，本打算去东京当个家庭主妇。

当时,我叔叔正好在海军省任职,通过他的关系,我在那里当了一名打字员。

令我没想到的是,不久单位就问我:"愿不愿意随船去中国青岛?"当时,我好奇心很强,就斩钉截铁地回答说:"我愿意。"

在我青岛的居室附近有个基督教堂,所以入住之后,就开始和室友芳枝等人去那里做礼拜。

一个偶然的机会,我遇到了日本牧师清水安三先生,他让我的人生发生了巨大转折。

当时,清水先生在北京从事针对贫困孩童的慈善、教育活动。我被这位偶尔来青岛布教的清水先生的话所打动,于是志愿去北京当他的秘书。

有一天,他突然劝我说:"要么你去当个医生?"那个年代,北京的医生确实不够。了解到这一情况后,我决定听从先生的建议。

那时,我已经27岁,但好在轻松地通过了考试,进入福岛县立女子医学专业学校。之后,我又拿下国考,取得了从医资格证。

即便是现在,定下"27岁开始当医生"的目标然后成功实现的人也不多。然而,当时我并没有拘泥于这样的常理。

这是因为,我将清水先生的话语视为"机遇"。

后来,我的努力获得了回报,我突破了大约10比1的录取比,进入高校深造。

就这样,作为一名起步很晚的医生,我从小诊所开始,发展到运营一家超过100张病床的医院。即便是在最为苦难的时刻,我也只考虑认认真真地履行自己的职责,并为之不断拼搏。

无论何人,都有自己的职责。无论职责大小,只要发现其所在,就不妨愚直地坚持下去。

无论是携犬散步、上班还是做饭,都可以。

7

大家只是害怕"迈出第一步"

*

"迈出第一步"这种说法,在日语中经常出现。对于"迈出第一步"的重要性,我有切身体验。如果能在关键时刻满怀勇气,那么将大受裨益。

//

回首往昔,我已经走过了漫长的岁月。

过了90岁之后,我悟出了一个人生法则:"迈出第一步,以后就是坦途。"

看过各种书后,就会发现书中其实都在说明"只要迈出第一步,万事终会驾轻就熟"。

在这些说法中,"第一步"大多用的都是其比喻义。

但是对我来说,确实亲自体验了自己迈出"第一步",然后获得成功的经历。

我家位于医院隔壁的三楼。

92岁那年,我从阳台进房间时不小心被窗棂挂住后绊倒,导致大腿骨折。

术后第二天,我开始做康复训练。所幸的是,不足一个月,我就恢复到能在平坦的地方走上几圈。

但是我发现自己没法爬楼梯。

我家在三楼,如果无法爬上家门前的台阶,就没法回家。

当然,这栋楼没有电梯。

也就是说,如果我没法上下楼梯,就无法继续在医院工作。

对此我苦恼万分。

以前轻轻松松爬上爬下的楼梯,手术之后再站到它面前时,心头竟然涌起了不安和恐惧。

往常,无论遇到什么逆境和困难,我都会努力向前,尝试挑战。

然而,只有那次,我的脑海中充斥着各种各样的危险,我恐惧万分,就连扶栏杆的手都汗水淋漓。

我不能手扶栏杆一直站在那里。

"不往上爬,就回不到家。加油!"此时,我内心大声地"嗨哟"了一声给自己打气。

于是,我终于迈开右脚,踏上了第一级台阶。

我感觉身体好像轻飘飘地浮在空中,重心自然而然地从地面转移到台阶上。

意外的是,我的左脚竟也自动反应起来,踏上了第二级。

就像慢镜头一样,我的身体开始慢慢上升。

只要迈出第一步,剩下的就是顺"势"而走,最终到达目的地。我以自己的切身体验,真实地感受到了这一点。

如今想起,都觉得完全不可思议。

我从来不相信神仙之类的存在,但是那时我简直觉得有一种无形的强大力量从天而降,推着我向前迈步。

我想,获得如此侥幸者,绝不止我一个。

也许,对于所有敢于迈出第一步的人来说,他们后面都有神一样的力量在支撑着。

如果裹足不前,一切只能是虚幻。

8

在黑暗的隧道中心怀期待

*

人生既有高潮，也有低谷。在苦难不堪的时候，认为这是"身在隧道"就好。要想具备满怀向前的勇气，就要适时调整自己。

///

数年前，有位病人在其忧郁症治好并办理了出院后，因观察需要还会来医院复检。好久不见，复检时我觉得他心情开朗，和此前简直判若两人，而且听说新找的工作也不错。

他告诉我说："最近切实感受到，漫长的患病期自己终于挺过来了。世间大概没有比忧郁症更让人难受的了，情绪糟糕的时候，我真的痛苦不堪。"

心病不出血，不见伤，其痛苦之处很难为外人所理解。然而，这种病确实非常痛苦。

他接着告诉我说也许下面的话可能会令我生气，但是自己确实好几次都想着"如果治好了自己的忧郁，自己把手脚献给神灵都可以"，甚至"如果这还不够，就算让自己失明也在所不惜"。

他的话,给我的冲击犹如五雷轰顶。

"如果忧郁治不好,宁愿手脚和眼睛都不要。"一想到他竟能产生这种想法,其苦之深不禁让我泪水盈眶。

"我理解你的心情……"这句话我常常挂在嘴边。

对他,我也可能讲过。

"身在苦难旋涡中的他,其心情我真的了解吗?"我禁不住诘问自己。

出院后,过了一段时间再回顾时,他能够感受到"漫长的患病期自己终于挺过来了"。

住院期间,他大概很难想象如今会重回光明。

更何况住院期间,医护人员也好,药物治疗也好,当时似乎都没有让他产生积极的展望。

想到这里,我就怨自己无能为力。

但是在此之后,他居然恢复如初,并在出院后重回工作岗位。

苦难不可能永远。越过苦难,就是光明与快乐的时刻。这就是人生的法则。

身处苦难的旋涡,很容易让人陷入绝望。

但是唯在此时,才应充满希望。

这位患者出院后找到了新的工作,他微笑着告诉我说自己不迟到不旷工,"工作有趣,同事们都很友好,工作起来非常愉快"。

看到他的笑脸,我不由得感受到"每个人,都有自我摆脱黑暗隧道的力量"。

众所周知,身在黑暗的隧道中,谁都会感到痛苦。因此,我们更应锤炼自己,练就"身处隧道之中,但依然可以想象隧道之外美景的能力"。

9

众人皆不想死

*

没有人不担心"老""病"与"死"。想到此,不安陡增。对此,我们要学会调理这些负面感情。

//

随着年龄的增加,经常会被问到一些生死问题。

我想回答得干脆些,但怎奈自己对死亡一无所知。

实际上,我们不可能看到死亡世界的样子,这是无可奈何的事。

我也没有什么值得一说的信仰。不怕大家笑话,我的生死观就是"任由身体自然变化"。

健康的时候,我经常信誓旦旦地说:"上了年纪,死了也没关系。"

但是,一边说"不长寿也没关系""死并不可怕",一边准时吃降压药,真是矛盾不已。

说到底,我强烈的潜意识中还是"尽可能远离死亡"。

当身体出问题的时候,我切实地感受到"我对生的执着是多么强烈"。

比如，当自己感冒发烧的时候，就会觉着："是不是出问题啦？"

岁数越大，这样的感觉越深。

然而与此同时，我也不断意识到："人的一生就是和不安相伴相从。"

于是，当我感到"不安"的时候，我就觉得其实它就像我们身边的某种生物。

也就是说，只要我们好好与之相处，就可以顺利将它驯服。

"生老病死"之事人所共知，这也是佛教中所说的"四苦"。

尤其是到了中年以后，对"老""病""死"的不安，会变得更为明显。

因此，努力去感受生命的喜悦，就不会陷入这种不安的愁苦之中。

那么生命的喜悦到底是什么呢？

我想，这绝非别人的恩赐，而是源于自己的感知。

比如，我们可以和动物、植物交流，将自然界的趣味纳入视野。这样，我们就能感受到自己属于自然的一部分。

换言之,当你感受到自己并不孤独时,喜悦就会油然而生。

这样一来,生命的喜悦可以让你超越对"老""病"与"死"的不安。

第二章

有趣的灵魂万里挑一

*

1

家电之类的东西，要学会自己修理

*

人们常说，"兴趣缩小，人就容易变老"。因此，我们应该有意识地努力扩展视野，改变思维方式。对于那些"都这么大年龄了，好奇心还这么强"之类的话，大可不必在意。

//

不知从何时起，就有很多人询问我保持身心健康的方法。

其中最多的问题就是："高桥大夫，您'年轻'的秘诀是什么？"

正如大家所关心的那样，如今"抗衰老"成为时尚，保持身心"年轻"成为共同的愿望。

不过，我从来没有树立过"永葆年轻"这样的目标，更谈不上有什么秘诀了。

如果非要找个理由的话，那就是"每天干各种活，每天保持快乐"。

换言之，我的目标就是"日常生活中的事务尽可能亲力亲为而不依赖别人"。

听完这话,有人可能会跃跃欲试,但是一旦确立这样的理念,日常生活就可能变得忙碌不堪。

比如,最麻烦的事情之一就是做饭。除了让助手帮我买菜外,一天三顿饭都是我自己亲自下厨。

当然,特殊情况下那种复杂的饭菜例外。一般来说,自己喜欢的饭菜一天三顿都要做的话,那么不仅工作量大,而且还要考虑具体步骤问题。如此忙忙碌碌,但也快乐自足。

在这样的安排和操作下,我的大脑会充分运转。

这就是日常生活中最容易实践的大脑运动。

具体而言,动手动脑,就无暇顾及诸多烦恼。

这种做法,类似于精神治疗上的"工作疗法"。

因此,当你终日思考而不知所从时,不如集中精力去做一顿料理。在生活中找到新的目标,烦恼自然就会减少。

人就是这样,一旦闲暇就容易想东想西。

所谓"有烦恼",换言之就是"有了寻找烦恼的时间"而已。

要想让自己的头脑和心灵永葆年轻,除了坚持干一些做饭之类的事外,也要尝试探索未知的领域。

也就是说，不管你多大年纪，都应该有挑战新事物的勇气。

比如，我经常建议大家"接触一下新家电"，便是其中之一。

新家电如何设置，应该亲自操作。

具体而言，就是熟悉新家电的使用说明，然后照此操作。对此，并不烦劳别人。这种做法，非常有利于脑力活动。由开始的忐忑谨慎到最后操作成功，就可以让内心"返老还童"。

此外，沉浸于自己喜欢的事情中也非常关键。对此，我们后面再具体说明。

到了一定的年纪，感叹"我只会……""太费劲了，还是算了"。有这样的想法，可谓自然之理。

但是，如果稍微努力一下，尝试做各种各样新鲜的事务，即便最后可能会失败，但足可让自己摆脱狭隘心态。

扩展自己兴趣的范围，内心的跃动就会飞速增加。如此日积月累，就会成为我们抗衰老的秘诀。

2

即使上了80岁,也要尝试新趣味

*

年轻时便养成的兴趣当然十分宝贵，但是随着年龄的增长，也要学会培养新的兴趣。

//

出生之后就对某事感兴趣，这一点十分难得。

这样，你就可以集中精力不断坚持，而不会在乎别人的看法。

如果有这样的际遇，当然非常幸运。

不过，我也经常听到不同的声音。

比如，有人问我："高桥大夫，我已经……岁了，从现在开始培养兴趣是不是太难了？"

对此，我会从自己的经验出发，来改变对方的想法。

我80岁开始学习水彩画，90岁开始学习"数独"这一数字智力拼图游戏。

我特别要说的就是我对水彩画的坚持。

我初次接触水彩画的时候，就已经到了耄耋之年。当时第一眼看到水彩画就喜欢上了它，于是一时兴起，决定以函授的方式来学习。

这里的函授,就是按照老师布置的作业来画画,然后由老师来批改。

总而言之,只要老师给予褒奖,自己就愿意鼓足干劲儿去完善。

就这样经过老师的点拨,我不断获得信心,最后还获得了在进修中心的一所绘画教室继续学习的机会。

每月两次,几乎雷打不动,直到92岁时因骨折而暂时放弃。

也许得益于老师的陪伴和同行的鼓励,才更容易坚持自己的兴趣。

那位函授班的老师,我没见过面,甚至不知道叫什么,但是一想到他(她)会将我送去的每件作品都亲自批改,我便有了坚持的动力。

人的内心总是不可思议的存在。比如,当你想到有无名人士在帮助你时,就能发挥出比平常一个人时更大的力量。

此外,画画对我来说,也相当于发现新的"对象"。为了画得更好,就必须更加仔细地观察。于是当我看花时,往往会发现"原来这个花瓣长得是这样"。

这样一来,我们会被变化中的植物所蕴含的生命力所感动。

也就是说，通过学习画水彩，我不仅收获完成绘画本身的喜悦，而且获得了来自花的馈赠。

有位画画的朋友，就曾说过这样的话："看到美丽的东西，大脑某些部位就会受到刺激，而我每次画画的时候，大脑就会产生一种莫名的快感。"

对此，我感同身受。最近，我创作水彩画的机会逐渐减少，但是在每天的日记中，还是会加入一些花的插图，以此来体验新的快乐。

因此，我希望大家也能找到趣味所在，并好好坚持。

3

早上的仪式感,让生活更美满

*

有时候，看似单调的"仪式"却可以调整生活的节奏。反之，如果失去了这种"仪式"，每天的节奏就容易紊乱。因此，我们应该在早上最大限度地让自己集中精力，去塑造属于自己的"仪式"。

//

美好的人生，是美好的一天的不断积累和再现。

那么，怎么才能让每一天都过得更加充实呢？

要想一天过得充实，其实非常简单，就是要充分把握好早上的时光。

所谓"充分把握好"，就是早上要有"仪式感"，或者说提前安排好"早上应该做的事"，然后按照计划去推进。

当然，我们说的"仪式"，绝非什么煞有介事的意思，而是指日常极为普通的生活习惯。

只要身体没有问题，那就应该坚持完成一连串的仪式。这样一来，就可以唤醒身心的感知力，激发身体的活力，一天的活动也就能顺利进行。

早上的仪式大概可以分为以下几点：

①每天按时醒来；

②想一想这一天的计划，让自己有所期待；

③让全身沐浴朝阳；

④翻阅报纸；

⑤吃一些简单又健康的早餐；

⑥整理着装；

⑦做深呼吸。

这些准备，是每一天充实快乐的保障。

当然，也有个别日期会出现例外。

比如"今天没有安排，大可好好睡一觉""今天早餐和午餐合在一起吃""报纸暂时先不看了"……

休息日，也最好优哉游哉地过。

对此，我想谈一谈我的早上计划，供大家参考。

我每天5点40分起床。

如果当天需要坐诊，我会将这一天的流程记入脑中。

甚至晚饭吃什么，冰箱里的常备菜还有什么，我都心中有数。

然后，打开窗帘沐浴朝阳（当然，冬天的话有时候天还没亮）。

接下来，准备早餐。

早餐几乎每天一个样，主要是香蕉、咖啡和一小块面包。因为菜单固定，所以买东西或者准备饭菜的时候也不会弄乱。

早餐之后，整理行装，穿上白大衣。这样一来，就切换到了"工作状态"。走下自家台阶时深呼吸，并远眺屋后耸立的丹泽山地和富士山。

由于到医院上班的时间是固定的，所以我会倒推好此前的时间，上述活动也都非常连贯。

如果哪天不用去上班，我也会规划好自己的安排。

比如，"每天早上主动送孙子去幼儿园""每天准时9点到图书馆"或者"每周两天时间做志愿者去捡拾垃圾"。

早上过得清爽快乐，傍晚就会在愉悦中感到些许累意，晚上也就会伴着些疲惫快速入睡。

所以说，早上充实过，不仅一天是满满的收获，晚上也能睡个好觉。

4

没有比电视机更为合适的"伴侣"

*

如果有喜欢看的节目,大可放开看,无须有什么负罪感。如果没什么想看的节目,也要看点新闻,甚至一听而过都可以,这样能够预防老年性痴呆。

//

一提电视"功效",可能有人会大吃一惊。

很多上了年纪的人,甚至觉得电视是种低俗的东西。

诚然,有些综艺节目确实不堪入目。

但是,只要选好节目,然后把握好节奏,那么对于过了壮年的我们来说,它就能成为知心好友。

我自己喜欢看体育类节目。棒球、网球或者足球比赛期间一旦出现转播,我都容易在电视机前着急得手捏一把汗,期待继续观战。至于那些"这次踢得好""表现得不错"之类的话,更是经常从嘴边溜出。

看电视时频频自言自语,其实可以激发精神活动,而这种激越的情绪,对身体非常有利。

有人说电视并非现实的东西,而是想象化的产物。即便如此,电视带给我们"精神的刺激"却是越多越好。

尤其是上了年纪自己一个人生活的话,"精神的刺激"很容易减少。要知道,人的身体如果不调动起来就容易荒废。心也一样,如果不用也会逐渐迟钝。

此外,打开电视后,我们还可以经常感受到"人气"。电视所发出的声音,会让我们的内心在无意识中既能对一些现象表示认同,也会对某些结果感到吃惊。

这就好像是在和活生生的人一起对话,自己的精神活动自然会得到激发。

如此可见,电视可以给人以慰藉,让人感到快乐。

不仅如此,电视还可以进一步激发人的求知欲和追求美好生活的愿望。

因此,大家不妨充分利用电视所提供给我们的前沿信息,让自己的内心充满活力,进而预防老年性痴呆。

电视的优点,就是给予观看者充分的主导权。因此,大家尽管选择自己喜欢的节目来看。

比如,我也比较喜欢新闻报道,因为自己对智力类节目完全不在行,甚至觉得答不上来问题的话会感到压力。因此,对这样的节目有所排斥。

这时,只要关掉电视就可以。

因为可以自由地选择"接触的对象",所以没有比电视更合适的搭档了。

和电视类似,收音机也是不错的选择。因此,大家不妨找一找适合自己的媒体,让它来陪伴自己。

5

如果觉得孤寂,不如种些绿植陪伴你

*

植物可以润色生活。因此，我们不妨种一些简单易养的绿植，让它陪伴左右。绿植不仅可以养眼，还可以让自己心情平静。

//

我经常告诉身边的人，如果感到疲惫，感到孤寂，感到独自生活的苦恼，不如"尝试让植物陪伴"，而不要"去养猫猫狗狗这些来回折腾的宠物"。

如果是养植物，你只要偶尔浇水，让其享受阳光就好。

即便是精力有限，也可以很容易与植物相伴。

我在70多岁的时候，就开始与我侄女赠送给我的垂叶榕这一观叶植物一起生活。

植物的优点，真是难以说完。

首先，它可以锻炼人的观察力。这样一来，就能促进脑部运动，让人远离老年性痴呆。

通过观察还可以提升人的想象力，让我们的闲余时间更加快乐。

此外，当你注意到植物默默无闻地努力生长时，"孤独的感觉"便会瞬间消失到九霄云外。

人一旦孤独久了，就会变得越来越钝感。比如，喜怒哀乐的情感波动就会变成波浪，再由波浪变成无浪，最后由无浪彻底退潮。

当然，我们不是说情感的波动越是像汹涌的波涛一样越好，而是借此强调如果没有人和我们一起居住、聊天时，我们就容易陷入"无浪"的状态。因此，为了不让自己的生活像一潭死水，不如在生活中引入一些植物。

我的妹妹芳枝，经常饱含深情地说："植物也有生命，它们也在努力生长。因此，人与植物说说话，对它们也是有好处的。"

这么说的依据，是因为她认为："和植物说话时，人嘴里释放出的二氧化碳如果能被植物吸收，当然会对植物有好处。"

这种说法我们暂且不去探讨，但是我对"植物也有生命，它们也在努力生长"这一观点大加赞同。我深信，垂叶榕能够理解我的话。

不仅如此，培育植物还可以让你体验激动人心的喜悦。特别是发芽、开花等产生新变化的时刻。

如果用人生来作比喻,发芽就相当于新生命的诞生。

然而,很多人在其日常生活中却没有见到过这样感动人心的事情。

可以说,有时候植物展示给我们的生命奇迹,会让我们感受到别样的丰富人生。

6

和别人聊几句,也能温馨如怡

*

当你上了年纪,"今天一个人也没见"或者说"从早到晚和别人一句话也没说"似乎已不再稀奇。不过,要知道,孤寂久了,有可能会出问题。

///

30多年前,我受某养老院(现在的老人福利院)委托,每月给老人们进行一次定期体检。

其间听到过的"鬼故事",至今难忘。

这个故事,来自一名常年卧床不起的74岁老人。养老院的工作人员觉得她"最近总是说一些不知所云的话",担心她"是不是患了老年性痴呆"。

确实如此,这位老人说的话确实不合常理。

比如,她会说"这里到处都是垃圾,没法迈步",或者"你们端来的饭里有头发,我没法吃",等等。

上了年纪的人说出这些不知所以然的话,并不少见。虽说现实和虚幻之间并没有清晰的界限,但也没有必要过于在意,或者吹毛求疵。

那位老人还反复说过一件非常奇怪的事:"最近每

天晚上，都会有一位美丽的女人来到我的房间。她特别漂亮，估计是鬼。不过，她是个善良的鬼，离开屋子之前，总会为我盖好被子。所以，我希望她天天都来。"

我听着她说"希望今晚那个漂亮的鬼再来"，不久结束了体检。

她所说的鬼，是真的有鬼吗？

我并不知道她的家庭情况。

也不知道有没有亲属看望过她。

我能确定的是，卧床不起的她每天晚上都是一个人在孤独中入睡。

或者说，每到深夜她就会几度醒来，倍感无尽的寂寥。

也许正是这种莫大的孤独和失落，才让她"创造"出了这样一个漂亮的女子。

通过她的经历，我觉得"人最好还是每天能和别人说一会儿话"。只要聊聊天说说话，你冰冷的内心瞬间就可能被融化。

当然，每个人都有可能在某一天觉得"听别人说话很麻烦"。

但是正因为如此，才更应该积极与人交流。

具体而言，就是当你看到那些无精打采的人，或者没什么趣味的人时，你应该积极地与之搭话。

语言交流，大概是人类独有的喜悦之一吧。

7

要想幸福,就要和周围人和睦相处

*

无论是家人、朋友还是住在你附近的人，尽可能与他们建立良好的关系。如果在上了年纪后也能结交新朋友，岂不是美妙的事情？

//

我家位于秦野医院附近，这里有一个绿意盎然的公园。

每个晴天，一大早就会有很多人来这里散步或慢跑。

我想，自己要是能加入他们的队伍中该多好。但毕竟年逾百岁，有些力不从心。

然而幸运的是，我的大脑和内心还算灵活，可以远看公园里的人群，思考人生的微妙。

其中，有一对老年夫妇，令我颇为感动。也许，这对夫妇一直以来都在相依相守。

仅是看到他们一起漫步的样子，便足以打动我的内心。

他们既不会大吵，也未曾大笑，甚至都没见过他们凝视对方，说一些体己话。

但是即便我在远处,也能感受到他们的心有灵犀。

如果你周围的人整日吵架,你争我夺,我想旁观者可能都受不了。

也就是说,良好的关系不仅对当事人,就是对周围的人也会产生积极的影响。

如果可以,我希望到处都能构建起这样和谐的关系。

不仅是夫妻,其他人也都具备构建良好关系的能力。

时至今日,我都没有结婚。虽然也遇到过不错的人,但是总也没有迈进婚姻的殿堂。

就这样沉浸在快乐的工作中,直到102岁。

虽然没有丈夫,但医院的朋友给予我很多帮助。

这样的关系超越了血缘关系,堪称"大爱"。也正因为如此,我没有感到过一点孤独。

能和自己的伴侣和睦相处,必然是一种幸福。

但是,到了一定年纪,就不会受缚于婚姻关系,而是觉得与周围的人和睦相处,才是真正获取的帮助。

为什么这么说,当然我有我的理由。

随着年龄增长,配偶有可能先你而去,于是乎,你很可能会感到失落无比。

如果因为失去配偶而身处悲伤境地的人,能够与周围的人建立和睦的关系,就可以继续前行。

因此,就让"良好的关系,总是那么美丽"这句话融入我们的生活吧。

8

有梦想，就无须彷徨

当我说出"我将来还有梦想"时,大家可能会大吃一惊。长寿的秘诀之一就是要敢于挑战。敢于挑战,就得有梦想,并无须彷徨。

///

无论多少岁,都要有挑战的精神。

我在98岁的时候,第一次尝试吃那种被称为"快餐面"的碗装方便面,觉得十分可口。

此外,我开始真正地品尝美酒也是80岁以后的事。

也许是过了80岁,工作暂告一段落而内心逐渐有了余裕感,所以才产生了想小酌一杯的想法吧。

我记得,这种习惯缘于欧洲旅行期间。

众所周知,欧洲的晚餐桌上,红酒最为常见。当时,我觉得机会难得,就想挑战一番,结果被红酒的魅力所征服。

一般来说,上了80岁,不管是为自己还是为别人考虑,都应该禁酒才对。然而,我却开始迷上了红酒。当然,绝不过量。

我为什么鼓励挑战呢?

从专业的角度来说,挑战可以激起人的好奇心,将情感导往积极的方向。

这样,非常有利于内心的健康。

相反,如果放弃挑战,内心就会越来越迟钝。

从这一点来说,即使挑战失败,也不会有什么负面影响。

也许你会因为失败而感到羞愧难当,感到十分难堪。但是,其实并没有人会因此而笑话你。

实际上,你可以将挑战视为"给内心增加营养"。

比如,对养老院的经营方来说,"不要关照过多"才是科学的理念。这样看似不便,其实有很多优点。

其中最大的优点,就是让老人产生"自食其力"的感受。如果全方位地提供帮助,只会让老人的身心机能越来越差,甚至不久就会卧床不起。

其次,可以在养老院内培育"互帮互助"的精神土壤。在这种"互帮互助"的日常环境下,就会产生更多"还是好好活着好"的满足感和生命价值体验。

如此逐梦,人会变得善于言谈,精神饱满。

这样，每天的生活都会张弛有度。

因此，无论现实如何，我都希望大家心怀梦想，勇于挑战。

第三章

健康的身体比什么都重要

*

1

病从口入

*

"一旦开始关注健康,就容易一发不可收拾",这样的说法非常普遍。这是因为,当你祈愿身心健康的时候,你可能已经身患疾病。所以,我们不妨先从"口"抓起。

//

能否健康生活,和"口"有着直接关系。

因为,口是摄入食物的通道。

具体而言,有两点需要关注:

第一,是牙齿的清洁。

这一点,需要从小就多加注意。

第二,是误咽性肺炎。

这一点,随着年龄增长要多加小心。

无论哪一点,稍有疏忽都会让你命悬一线。

对此,我们不妨来看。

关于第一点的牙齿清洁,我自己就深有体会。

我从小开始,就很注重牙齿的清洁。

但是年龄大了后竟然还出现了蛀牙。

当然,这都属于正常的衰老现象。在同一年龄段的人中，装假牙的人已经不在少数。

但是要知道，牙齿的治疗非常费事。

要预约牙医，然后再去医院，这对我来说非常麻烦。

因为只能是工作之余去，所以安排时间非常不易。

此外，经常是治好了一处，另一处又出了问题。

加之听医生说要给我剔除牙垢，就觉得还要往医院跑几次。

也就是说，光是看牙这件事，就给我造成了很大的负担。

于是到了80岁，我决定挑战一下人工植入，即种植"人工牙根"。

也就是当你患了蛀牙而导致牙齿状况恶化的时候，拔掉这颗牙，在下颌骨植入螺丝状的东西，然后以此为基础，装上人工牙根。此外，如果本身口中哪一块没有牙齿，也可以种植。

不管怎样，这都不算是个小手术。

尽管我已经年过八旬，但还是义无反顾地连续种了几颗牙。

如今过了百岁依然精神矍铄，一直对那位帮我种植牙齿的医生心怀感激。

因此，早就不再关注"咬得动"还是"咬不动"东西的问题，精神压力也就此消失，周围人甚至都说我胖了不少。

时至今日，我的牙再也没出过问题。

也许是得益于这些牙齿的充分咀嚼，然后给大脑良好的刺激，进而促进了大脑的活力吧。

第二是"误咽性肺炎"问题。所谓误咽性肺炎，就是细菌随同唾液和胃液一起流入肺中而引发的肺炎。

根据厚生劳动省的认同动态统计，老年人中的肺炎患者，六至八成和误咽有关。这也是导致老人死亡的一大诱因。

也就是说，随着年龄的增长，出现误咽的情况越来越多。

这就是反射作用出现迟钝所导致的问题。因此，老人在吃喝时，一定要倍加注意。

因误咽性肺炎而离世的患者十分常见。

所以说，吃饭时要细嚼慢咽，饭后不要马上就躺下来休息。

吃饭时噎着，或者嗓子发出咯咯声而唾液无法下咽的人，更要加倍小心。

从某种意义上来说，口也是炎症的通道。

2

要控制脂肪,吃点鱼和肉也无妨

*

即便过了100岁,我依然喜欢美食。我在选择菜品时,一般都不会走极端。因为只有合理的饮食和适当的节制,才能细水长流。

//

有一些摊上的书宣扬"吃了……就会健康",这种极端之说竟然还颇有人气。

与之相反,也有的书声称"控制……就会健康"。

这种说法的真伪姑且不论,世人的万千思维倒是耐人寻味。

如果选择菜品的时候严格遵守某些规则,作为一个老人家,我是无论如何都难以理解的。

我自己对菜品的选择,并不那么拘泥。

总体来说,我只是一个喜欢美味的"杂食动物"。

周围人经常让我告诉他们"长寿的秘密食材是什么",或者干脆问"您能不能告诉我们您的健康秘诀"。

我倒是想给出一些趣味盎然、轻松易懂的回答,但实际上我的答案非常平庸,并没有什么条条框框。一般来说，都是以日式料理为中心，菜品种类多，营养比较均衡，脂肪相对较少……

如果非要说特点，也许就是蛋白质的摄取比较多一些。

比如，我每天都要喝点酸奶，同时适量吃一些鱼类和肉类。此外，还会多吃一些蔬菜。

蛋白质是组成我们肌体的重要成分，因此多摄取一些比较好。

比如，我某一天的午饭菜单如下：

- 鸡胸肉拌白发葱
- 三文鱼（裹上淀粉油炸）
- 山蘑及其他蔬菜
- 当地土豆（拌上酸奶）
- 腌菜
- 一碗米饭

这些食材，多是近邻或者外甥、外甥女赠送而来。

如果吃饭的时候有人过来，我也会尽可能地将客人留下吃个便饭。

晚上，我会小酌一点，真是幸福无边。

吃与喝，本来就是人生的至乐之一。

因此，如果遵循严苛的规则，即便是无意之举，也会让人感到痛苦不堪。

比如，之前就曾发生过"为了老人的健康，是否应该控制吃肉"的论争。以我之见，为了健康考虑，还是不要随便控制为好。

当然，肉中的脂肪比较多，容易产生消化负担，但不应该成为严控的原因。因为，肉里所含有的微量营养成分对人体至关重要。

和"过剩"一样，吃饭"过控"也隐藏着巨大的风险。

我想，快乐地去吃一些好吃的，才是健康的要诀。

3

调好室温,事关生命

*

如今，因中暑而被送到医院的老年人越来越多。特别是独居的老人，非常喜欢调整房间的温度或湿度。也许有人觉得这是小事，但却可以事关性命。

//

每到夏天，中暑的人就会多起来。

特别是对那些独居的人来说，调节房间的温度事关重大。

我希望大家真正用好空调房，同时做好房间的通风，防止中暑。

我自己就是这样，一旦集中注意力去做一件事，就会忽略温度的上升，因此会在较高的温度下长时间工作。

按照总务省的统计，2018年5～9月间，因中暑而被送往医院急救的人就超过了9.5万。从年龄来看，老年人大约占了一大半。

这样的数据，会有医院工作人员收集好后告知于我。

我算是一个自律的人。

在我家房间的显眼位置放着一个温度计，我经常参照它来了解温度。

比如"我自己的舒适温度是29摄氏度,湿度是65%",我一直十分清楚。包括电子温度计在内,现在市场上的温度计各式各样,大家可以将其放在自己容易看到的地方。

此外,为了防止夏天中暑,平时就要养成对温度的敏感度。比如,在家的时候做好通风,就会逐渐感知到微风浮动。

我特别喜欢徐徐微风。

在炎炎夏日,不仅要机械地通过开关来操控空调,还要时常打开家里的窗户来通风,尽可能地享受自然带来的恩赐。

有人说"我好不容易大扫除,开了窗后灰尘又吹个满屋",想起来就不敢开窗了。

然而对我来说,除了这些,我更期待自然风带给我的身心愉悦。

一直纠结于"风带来灰尘"的想法,真是太过庸俗。

微风过后,自己稍作清扫难道不好吗?

即使从卫生角度来看,清风也会促进空气的循环。不仅如此,开关门窗等也是维持体力的基本运动,我们应该身体力行。如果做这些事都觉得痛苦或者懒得动,那么就应该关注一下自己的身体状况了。

让我们做好通风,掌握身心健康的晴雨表。

4

学会选服装,幸福寿更长

*

虽说"不要学别人的穿着",但总免不了受其影响。每当看见别人的衣裳与季节相得益彰,自己也就禁不住跃跃欲试。这些,甚至都和寿命有关。

//

随着年龄的增长,选择衣服成了脑子里挥之不去的麻烦事。

一般来说,只考虑"怎么搭配看起来好看"是比较理想的做法。

但是,一旦超过了一定的年龄,相比流行性,会比较看重实用性。比如,"这件衣服能否御寒"。

特别是在季节交替之际。昨天还艳阳高照,今天突然寒气逼人。这时候,总让人猝不及防。

比如,直接穿着薄衣出门,脑子里还会想着"今天白天,会不会突然降温"。

如果是盛夏或者严冬这种季节分明、气温稳定的时候,穿衣服大可一以贯之,不用担心。

寒暑差异,大概也是一个四季分明的国家所面临的烦恼吧。

这话并非我的独创,因为兼顾"保温性"和"时尚性",确实比较麻烦。

比如,某一天,路上的行人穿上了轻便的衬衫或者T恤,换掉了此前的外套。

尽管我年事已高,但是此时也不想继续穿毛衣上街。

于是乎,就反复琢磨"是不是穿个暖和的衬衣,再套一件薄一点的春装"。

有时乘坐电车,也会遇到印象深刻的见闻。

无论哪个季节,年轻的女性总体上穿着单薄,而男性穿得都比较厚实。

特别是身着西装的工薪族,即便是炎热的夏日,依然是正装出行。

还有更为极端的情况。

比如,在同一节车厢,经常会看到身着清凉外衣、露出胳膊的年轻女性和裹得严严实实的男性,形成鲜明对比。

那时,我深深地感受到"对五花八门的着装感到烦恼,真是太不应该了。选择衣服,自然随性就好"。

同样,也不应该模仿年轻人追求风度而忽视温度。

也就是说,在选择衣服的时候,还是要注意保温效果。如若不然,很容易罹患感冒。

作为医生,这也算是我的苦口婆心吧。

5

某些"不方便"也许有益身体

*

有人想每天走很多路,但实际上难以实现。我们应该带着愉快的心情行走,而不要在意走了多少距离,这样才能走得更好。

//

为了健康,我建议大家多走走。我想,没有比走路更加简单便捷的健康疗法了。

我一直坚持每天走楼梯,从自己家到医院每天往返三五个来回。

有人觉得"走楼梯太费劲,不如安装个电梯"。但是,发现竟然要花1000万日元。于是又觉得这么多钱如果花到医院还好,如果为我一个实在不值,因此就这样放弃。

在我看来,步行去医院就像呼吸空气一样理所当然。现在,步行来医院上班的同事越来越多,他们深知"尽力而为"的道理和锻炼身体的乐趣。

不过,人生总有不同阶段。

即便身体健全,永葆昂扬的斗志都比较困难,更何况有时候压根儿都不想动。

对此应该如何，我倒有点自己的拙见。

记得30年前，在我大概70岁的时候。

当时，我将"认真行走"作为自我健康管理的重要实践。

每逢假日，我都会兴致勃勃地从家里走到附近的公园或打折店。

记得有一天，我走向打折店。

路上的绿草和鲜花，让我赏心悦目。

那些美景让我心情愉悦。

30分钟后，我到了店门口。

在店里，我认真地挑选商品，确认商品的价格，乐此不疲，甚至还买了一些不必要的东西。

最后有些口渴，还买了瓶软饮边走边喝。

此次出行，大概花了两个小时。

虽然有些疲倦，但是很快就恢复了。

虽然明知道步行对身体有益，但只是在周围瞎转悠，则很难形成习惯，也很难坚持到底。

我想，如果能将饮食习惯、个人兴趣和步行的目的地结合起来，那么一定会产生更好的效果。那时，只要注意脚下就可以。

6

睡不着的时候,也不要过于勉强

*

睡眠的时间和长短,往往不由自己控制。关于睡眠,也适当放开,保持那种"睡不着也没关系"的乐观态度,也会有助于健康长寿。

//

在这么多人中,也许你就是那个晚上无法安眠而被"失眠"困扰的一分子。

如何应对失眠,我想谈谈自己的浅见。

我接触过很多患者,其中失眠就是他们面临的苦恼之一。

面对这些患者的倾诉,我会告诉他们我在年轻的时候,几乎不太在意失眠问题,然后再给予他们勉励。

比如,"你有了家庭和孩子,即使出现失眠也不会带来大问题",或者"虽说失眠,但是有时候躺在那儿也就能睡着了,因此大可平心静气"。

然而到了70岁之后,我也开始经历失眠的困扰,这时才深切感受到失眠的痛苦。

也就是说,只有自己亲身经历,自我感受才会更加真切。

这样一来，作为精神科医生，我能通过亲身经历与患者交流，也实现了自我提升。

失眠在每个年龄段都有，但是针对老年人失眠问题有一个专用词语，叫作"老年人睡眠障碍"。

这种症状的主要特征就是连浅睡都比较困难，而且一晚上还时不时想上卫生间。

以我为例，就是傍晚睡眠困难，到了睡觉时间就是不想睡。这时，我会读一些推理小说等有趣的读物来代替失眠药，结果反而更加没了睡意。

当我想起"明天还要坐诊"时，就越发难以入睡。

这时候，我对患者所说的"睡不着""身体不好"有了充分的体会。

我想躺在床上眯一会儿，各种声音又开始钻入耳朵。

比如，急救车的汽笛声、摩托车的马达声……

到了黎明时分，又听到送报纸的声音。

秦野虽然是农村，但是晚上活动的人格外多。

对此，我和医生商量，也尝试过使用"睡眠导入药"。

有时候，熬过这样痛苦的夜晚，第二天的时间就会虚耗而过,令人懊恼不已。

面对这种情况,我觉得即便晚上没有睡好,也不要把糟糕的心情带到第二天早上。

即便晚上没睡着,第二天依然要心情舒畅。让我们沐浴朝阳,迎接新一天的好心情。

7

不是每个人都会患老年性痴呆

*

有些人，经常怀疑自己是不是得了老年性痴呆。医学上一般所说的"健忘"和老年性痴呆并不是一回事，因此不要胡乱猜疑。

//

随着年龄的增长，很多人开始变得健忘。

这时候，人们就容易将健忘与老年性痴呆混为一谈。

所谓健忘，就是容易忘记具体的事情。

比如，忘掉了收纳的地方，忘记与人约定的具体位置，忘记昨天晚饭的菜单，等等。

与之相比，老年性痴呆主要是几乎全忘。

比如，忘记收纳，忘记约定，忘记昨天吃晚饭，等等。

老年性痴呆患者虽然已经吃过饭，但还会问你："饭还没好吗？"想想这种情况，你大概就不难理解了。

也就是说，老年性痴呆患者对于自己已经吃完饭这件事，几乎是忘得一干二净。

正是因为如此健忘，这些人容易"偷"东西，与别人的摩擦也会增加。

因此当你想起自己忘记了收纳的地方时,没有必要担心自己是不是得了痴呆症。

不过,如果健忘非常严重,影响了日常生活的话,就需要去专门医院进行检查。

秦野医院在2009年专门设置了"健忘门诊",主要用于治疗那些因不同原因产生健忘的人群。

如果有以下症状的话,建议大家检查:

①你发现自己的健忘非常厉害;

②刚刚发生的事,你却经常忘记;

③不能很快想起人或物的名称;

④对于此前非常喜欢的事情,如今全无兴趣;

⑤与以前相比,疑虑更重了;

⑥在熟悉的地方迷失方向。

如果尽早诊断的话,可以早发现早治疗,将病情控制在最轻状态。

痴呆症的话,早期很难辨别。

如果你注意到自己的父母至亲"最近怎么有点奇怪"的话,就需要和他们聊一聊,看看他们的状况如何。

谁都不愿出现痴呆。当被年轻人说自己患了痴呆症,谁都会觉得不安或者压力陡增。

因此,聊天的时候一定要告知对方不用担心,要以平和的心态守护他们。

当然,在必要的时候,也要商量着告诉他们"让专业医生给你瞧瞧"。

如果病状加深,已经严重影响到了日常生活的话,那又另当别论。

对此,我们要根据不同的生活状况、环境、经济条件等,灵活应对。

8

吃药应遵照主治医师的建议

并不是说药吃得越多,病就能越早好。当然,就算病状消失,也不能按照自己的判断随意停药,应该按照医生的建议酌情增减。

//

在这里,我想谈一谈吃药的问题。

在与患者的日常交流中,我发现大家对药物有各种各样的误解。

就拿我所关注的治疗精神疾病的药物来说,这些年药效确实发生了飞跃性的发展。

由于这类药物需要长期服用,必须考虑其中的副作用。因而医生在开药的时候,一般会考虑以最小的副作用发挥最大的药效。

这些,都要考量医生的头脑。如果药效不足,患者会看不到疗效。

也就是说,药量少则没有效果,药量过大副作用会更强。此外,有人感到自己已经好了,觉得应该停药,这时候病情反而进一步恶化。

即使医生不断钻研，但药物对人的影响总会因人而异。因此，这并不是一个简单的计算题，其中难度可想而知。

即使现在的科技已经高度发达，但开药的事也不能被机器人所取代。当然也正是由于这个原因，我们医生才以审慎的态度不断更新知识，坚持努力。

因此，对于我们医生所开的药物，大家一定要严守用量和用法。

这不仅限于精神科，其他医疗领域的医嘱大家也应认真遵从。

有些患者觉得自己症状已经减轻，所以减少药量甚至停药，其结果就是病情越发严重。

对此，我希望大家多多注意。

与此相反，大家也不要过量用药。有的患者就想着"好不容易来一趟，干脆多弄点药回去吃吧"。

医生开药的时候都是综合考虑各种情况，才给出合适的用量。

如果那些药物不必使用，也有不使用的理由。

很多人觉得老年人"多吃点药可能更放心"。

这种心态，实在令人匪夷所思。

甚至有人认为"服用的药物种类越多,病就能越早治愈"。

实际上,人体并非是那么一个简单的东西。

因此,大家一定要相信主治医师,正确合理用药。

9

患病入院也是适当调整

突然患病入院，不少人会失落不安。特别是此前很健康的人，可能会更为痛苦。因此，我们平时就要有应对疾病风险的心理准备。

///

突然骨折、身体不良或疾病来袭……

我想，没有比剥夺人的自由更能挫败一个人心气的事情了。

随着年龄的增长，每个人都可能遇到突如其来的疾病烦恼。

这时，很多人都会觉得倒霉不已。

甚至会想"是不是自己身体状况出现了恶化"，或者觉得"这样是不是就给周围人带来麻烦"。

为了避免这样的痛苦，我们就要寻找方法，安抚内心。

当你卧病在床时，感受可能更加深刻。

好事也好，坏事也罢，你想的事情可能会成倍增长。

因此，我们有必要尽早找到自我平复心情的方法。

回想70多岁的时候，我因一次重骨折而入院。

住进医院，给我带来了很多挫败感。

比如，我想像往常一样早点站起来，但左肩全然没有知觉。

那时，我就像一只丧失了跳跃能力的青蛙，只能独自在廊下伸缩几下。

之后，在医生的帮助下，我才逐渐好转。

要知道，我是在查访养老院的时候摔倒在那里的玄关处，然后被送到了整形外科，几乎是当众出丑。

当我被诊断为骨折后，医院为我采取了"安静疗法"。这样，客观上给秦野医院的同事和病人带来了很大麻烦。

就是这一点，让我失落万千。

那时候，只有送来的花让我感到丝丝慰藉。

人们来看我时送的花，基本都是搭配好的。

刚开始鲜艳无比的花，一周左右便枯萎凋零了。

不管怎么精心照顾也无济于事。

随着时间流逝，花儿虽然凋谢，但是我的病情则不断向好。

看到凋零的花，我觉得好像是这些花为了我的身体健康，奉献了自己的生命一样。

于是乎，我情不自禁地感谢病床边放置的花儿。

在我看来，这些花对我的心情恢复给予了很大帮助。

接着，我甚至创作了一首短歌，来表达身心的愉悦：
一次次送来的花，在我的枕边，驱赶了我的病痛。

面对疾病、伤痛等突发状况，我们要学会调节自己的心情。

万一躺在病床上了，我希望大家不要心灰意冷。

我也希望自己的上述经历，给大家提供一点帮助。

10

独自烦恼,容易生病

*

有种抑郁,找到了抑郁的原因就容易好转。换言之,关于抑郁的原因,其实自己往往并不清楚。那么,如何才能"充分思考"而又避免"独自烦恼"?

//

自从当上精神科医生,我就接触过很多抑郁症患者。

关于抑郁症的发病率与患者人数,不少机构都有过统计。

比如,厚生劳动省的官网显示,抑郁症12个月的患病率(过去12个月患抑郁症的比率)在1%~2%,终生患病率(此前一直就有抑郁症的比率)在3%~7%。在日本,中老年患者的比率一直在增长。

抑郁症的患病原因多种多样,治疗方法也不同。

最近,研制出了特效药,请患者朋友充分利用好。

但是即便如此,我觉得在药物治疗的同时,也要做好精神疏导。

只有这样,才能弄清抑郁的病因,甚至完全克服(当然,有的患者的抑郁症完全没有原因,需要引起关注)。

有这样一位患者，我们叫他Y先生。

Y先生患有抑郁症，刚开始并不知道什么原因，只是听他说他的肠胃很差。

此外，似乎也没有其他病症。

经过一段时间的疏导，我发现Y先生对癌症有着异乎寻常的恐惧。

Y先生的父母都是因癌症去世。

因此，Y先生产生了自己会不会也患癌的担心，并逐渐加重。

随着这种担心的加重，Y先生开始闭门不出，越发抑郁。

也许是产生了"对癌症的担心并觉得有必要去治疗一下"的想法，他来到了医院寻求慰藉。

Y先生对癌症的恐惧，在对其进行心理疏导的过程中我已经注意到了。

于是我一针见血地指出了这一问题，他心情舒畅了许多，恢复了精气神。

我和Y先生有过不少对话。

比如，我曾说："您的父母虽然不幸患癌病故，但是作为儿子，您与此并没有必然关系。如果您担心遗传，可以通过细致筛查，做到早发现早治疗。"

还有比如："Y先生，您做过检查，确实一点事儿也没有吧，而且您还更精神了呢，所以不用担心。担心多了会压力大，反而对身体不好。"

最后，Y先生的抑郁症彻底治愈，并办理了出院手续。他的例子，就是通过精神疏导成功治愈的典型。

所谓抑郁症，有时候患者自己完全无察觉，有时候是患者无意间感受到。

Y先生属于后者。

对此，如果能够倾心与之交流，关注他抑郁的病因，就可能完全奏效。

要想"自己关注抑郁的病因"或"寻求自愈"确实非常困难，这时候最好去找专门的精神科专家。

第四章

没有人是一座孤岛

*

1

不要成为"独立贵族"

*

也许有人觉得"一个人生活挺好",但是为了避免孤独死,还是与人保持交流较好。与人交流的秘诀,就是"广而淡"。

////////////////////////////////////

曾经和医院的同事聊过"孤独死"的问题。

所谓"孤独死",就是自己一个人在家死去,死后几天、几周甚至几个月才被发现。

内阁府发布的《2010年版老年人社会白皮书》一书认为,孤独死是一种十分凄惨的状态,即平时没有孩子照管,死后好长时间没有人发现。

日精基础研究所通过对人口动态的研究,发表了以下结论:2012年总共有15603名老人死后四天以上才被发现,其中,男性10622人,女性4981人。

从性别上看,男性孤独死的情况显然更加严重。

东京都监察医务院2010年发表的《东京都23区孤独死问题》显示,孤独死的男女比例大约为2∶1。

此外,从数据上看,男性中50～60岁这一年龄段的

"孤独度"更高。

当然，若死后数日才被发现，其实就说明这个人健在的时候就处于一种孤独或孤立的状态。

也就是说，这一问题在人生的最后几个月或几年中，就已经浮出水面。

对老人来说，这必然是一件十分痛苦的事情。

可以说，在那些交友困难的地方，孤独死的可能性非常高。

我觉得和经常为自己诊病的医生建立良好的关系并注意好自己身体的同时，断然不能轻视与外界的交流。

一个人很难独自生活。

大家互帮互助，才是健康的生活状态。

近年来，"独立贵族"这个词悄然兴起。

比如说，吃饭或者旅游都是一个人在外面过，并长期保持着独立的生活状态。这种情况似乎成为潮流。

但是请大家稍作停留，思考一下独立贵族的末路。

他们难道不会遇到突如其来的孤独死问题吗？

因此，我希望大家不要将独立贵族视为时尚的标签，而应该在生活中互帮互助。

随着年龄的增长，独立生活的乐趣似乎逐渐增多。

但是从内心健康的角度来看，这一观点十分危险。

所以，让我们多交一些身边的好朋友。

如果这样的人目前还没出现，那么请大家认真寻找一番。

对于这样的建议，可能有人自叹"我自己不受人喜欢"或者"我不是那种人见人爱的类型"。

请注意，我这么说并不是让大家去博得千万人的好感，也不是必须让大家交到那种剖肝沥胆的挚友。

我们不妨先从点头开始，与周围的人打打招呼。

当然，也可以与店员聊上几句。

由此开始，路会越走越宽阔。

2

不存在价值观完全一致的人

*

如果你觉得"现在的年轻人……",那么还请莫开尊口。因为与年轻人相处,我们要懂得和而不同。如果对新事物或自己不理解的事物横加指责,生活将会像死水一样寂寞。

//

一直以来,我都坚持用灵活的头脑自由地展开想象,因此尽管时代变迁,我和年轻人之间的隔阂并不明显。

要做到这一点,其实非常难。

我本是一个刻板的人,也曾对自己的顽固不化深感厌恶。

比如,我以前就觉得年轻人的时尚实在荒唐。

对此,我想到了自己70岁前后经常乘坐电车时的经历。

在电车里,我见过一个女孩子。

上下打量一番,发现她竟然把罩衫反着穿。

我大吃一惊,想着是不是应该告诉她一声,但最终还是决定抑制冲动。

第二天,我把这个事告诉了医院里的年轻同事。

然而,这些同事反而诧异地看着我,告诉我说:"现在衣服反穿是一种时尚。"

对于我的反应,她们很吃惊。

我想,如果我当时出于关心提醒那个女孩子,会发生什么事呢,那个女孩子会拒绝还是会笑话?

我心里想着,觉得好在我没有吭声,真是万幸。

年轻人的时尚风格和我完全不同,审美理念也大相径庭。

这就是所谓的"代沟"。

我们和年轻人之间有感性方面的差异,虽然无奈,但也是无法改变的事实。

正如我刚才说"坚持用灵活的头脑自由地展开想象",但我和年轻人之间彼此的差异也会不自觉地隐现。

因此,代沟的产生我们不要过于担心,重点是注意一下不要凡事都婆婆妈妈地管这管那。

如今我依然经常乘坐电车出行,但对于"罩衫反穿"的女孩子不再表示惊讶。

想到此,突然又觉得有些寂寞呢。

不同价值观之间的碰撞本来就很有趣。

3

善谈比寡默好十倍

如果觉得自己不善言谈而畏缩不前，人生就相当于失去了一半。因此不妨大胆一些，如果不慎失言，那就道歉。让我们用坦率的言语表达自己的心声。

//

你是否为自己不善言谈而感到烦恼不堪？

你是否自责"不会说漂亮话，任何时候都不擅交往"，或者"笨手笨嘴，实在交不到朋友"？

在我看来，大多认为自己不善言谈的人其实都存在误解。

然后，错过了与人交往的绝好机会。

我认为即便自己不善言谈，也要敢于主动搭话。

自己积极地与人搭话，这样的行为本身非常关键，至于聊一些什么，那就要看对方了。

因为你主动搭话的举动对对方来说，是令人愉悦的。

为什么如此断言？我的理由如下：

在医院上班期间，有很多患者和我搭话。

其中，有位患者的话甚至令我吃惊。

记得那时,我在美容院烫了头发。

当我回到医院,在众多赞美声中,竟然夹杂着这样的声音:高桥大夫的脑袋后面怎么秃了。

我也觉察到了这一点,并想着用周围的头发遮挡一下。

刚开始我非常生气,但是想到这是患者的话,便没有太过在意。

除此之外,听到其他一些"不着调"的话,也十分常见。

比如,"大夫,你真实的年纪是多大""啊,还是不能说呀",等等。

当医院改建和修复的计划传开后,还有人说:"大夫,你存的钱可真多呀!"甚至问:"我们住院,是不是收了不少钱?"诸如此类毫不隐晦,完全是无的放矢。

但是,我知道这些患者并无恶意,因此也不觉得这些话失礼。

所以,当听到这些话的时候,我都视为是在指出我的不足。

也许是职业的原因,我对表里如一的患者反而不会生气,甚至还觉得他们有几分可爱之处。

因为，他们往往会将瞬间的感觉直言不讳地告知于你。

所以，我觉得这样挺好。

此外，我也愿意被这种纯粹所牵引，并与之共同成长。

如果心里有阴影，人就不会"与任何人交谈"。这样一来，也就不会对别人感兴趣，从而将自己紧紧裹起。

在精神科医生看来，此举非常危险。

我觉得即便有"失礼"之处，也要大胆说出口。

相比寡默，我更喜欢直言不讳者。

听过这些"肆无忌惮"的话，所以我的判断是不会错的。

因此，请大家放弃"我不会说话"的烦恼，大胆地与周围人交流。

4

即便是音痴,也要先放声歌唱

*

随着年龄增长，活动范围会逐渐变小，活动量也会逐渐减少，甚至声音也会弱化。为了健康，也为了便于与人交往，一定要注意适量"大声"。

///

在这里，我要说一说"出声"的效用。

当你退休之后，或者独自一人开始生活，"出声"的机会就会逐渐变少。理由很简单，这是因为你与人交往的机会在减少。

当然，也有人认为这样就可以从常年纷繁复杂的人际关系中解放出来，并为之大大地松了一口气。

诚然，越是在忙碌的职场或者争吵不断的家庭，越容易积存巨大的压力。

但是，有一个办法可以舒缓身心，那就是"发声"。也就是说，发出声音说话非常重要。

也许有人觉得这很简单，但实际上发声是人体最基本的机能之一，也是交流的关键。

此外就身体而言还有一大原则，就是如果某些机能不去使用，就会弱化。

因此，要是经常性地默不作声，一旦碰到快乐的事情就可能不知道说什么。

不过虽说如此，还是有很多人觉得自己身边没有倾诉的对象。

对于这样的人来说，我建议可以唱唱歌。

当然，相比于流行歌曲，可以试试怀旧的调子。

我听说近来年轻人很喜欢一个人去唱卡拉OK。

这么做可以不管别人放声高歌。与此同时，也是借机约朋友一起前来的演习。

不管怎么说，"放声高歌"对中老年人来说非常不错。

为什么我如此重视歌声，那是因为我发现歌声可以帮助患者改变很多。

比如，平时和任何人都无交集的人，一旦登上医院举办活动时的舞台放声歌唱，其优美的声音往往令人动容。

可惜的是，他们下台之后，会很容易再一次陷入沉默之中。

正如我反复提及的那样，唱歌确实有助于健康。无论是满足感、充实感还是精神激励方面，歌声都大有裨益。

此外,歌声还可充当人际交往的润滑剂。

在聊天的时候,不会有人说"你的声音太大"。甚至夸张点说,大部分人都会因为对方声音太小而感到"麻烦"。因此,为了对方考虑,交谈时大可大声一点。

5

善于倾听是否更受欢迎

*

我们不仅要善于表达,也要学会倾听。在表达与倾听之间保持平衡,是人生最难把握的事情之一。对此,我们要心知肚明。

//

我们把在老年人中产生的抑郁症叫作"老年抑郁症"。近年来,女演员朝丘雪路因抑郁症而隐退,一时间引起关注。

老年抑郁症就像一个隐藏的圈套一样,会悄无声息地靠近老人。像朝丘雪路那么开朗迷人的女星,也无法避免。令人困惑的是,这种病的病因非常复杂,一般认为是身心多方面因素引发的。

我们医院也有很多病人患有这种老年抑郁症。

一般症状都是不眠、食欲不振、头疼等不稳定表现。

此外,"不想外出""不想见人"或者有时候"觉得生命没意义"的患者也很多。

这种病目前还没有特效药。

不过,我却发现一种治疗方式有奇效。

那就是对于患者的倾诉，我们要坦率地倾听。

要知道，老年抑郁症患者最大特征之一就是话多。

我认为，和患者聊天可以缓解对方的压力，因此当他们说话时，我不会随便打断。

因此在我这里，倾听患者唠叨一个小时并不少见。然后，当患者再来诊察室的时候，往往会变得精神充足，仿佛变了个样子。

我发现要想让老年抑郁症患者短期内有所好转，最好的做法就是与其聊天。这种观点至今未变。

此前，我在东京上野的一家美术馆偶然看到一幅《倾听者》的画。黄色的背景中，一个男子侧面站着，手搭在耳朵上，似乎是在倾听。

那名男子的样子十分虔诚，好像是在为谁祈祷。

也许男子也有自己的想法需要传达，但是他首先做的是倾听。他的样子，洋溢着满满的包容。

无论是谁，都希望别人听自己的说法，或者别人对自己笑脸相迎。可以说，希望别人更多地倾听自己的话，是人之常情。

不过随着年龄增长，我们要敢于成为一个合格的倾听者。

这不仅仅是一个人成熟的标志,也是造福于人的基本需要。

当然,你未必要去当一个精神科医生。

不管如何,只要你去认真地倾听别人的诉说,你就会给别人带来治愈的欢乐。

6

不要侵犯对方的空间

奉行"神秘主义"的人，往往不愿打开内心，也不愿表达内心的声音。要是和这样的人交往，我们就要把握好尺度。其实，不干涉别人，才是真正的成熟者。

///

你觉得你是否可以理解别人的内心世界？

或者说，你是否愿意理解别人的内心世界？

其实，我正是认识到"患者的心情有其不可理解之处"，才和患者慢慢接触。

我这么说，可能有人觉得我真是个冷静的精神科医生。实际上，我们日常所接触的患者，其内心所思所想，有很多我们都无法理解。

虽然我们希望润物细无声并不断坚持，努力希望患者能敞开心扉，但是还有很多患者最终都谨守沉默。

因为，有些问题属于心病。所以说，即使我们使用药物治疗，同时尽力与之交流沟通，但是仍然有很多患者不愿敞开心扉。

我们医生经过训练，所以不会因此深受伤害。

如果没有经过专业训练，一旦对方对你闭口不谈，或者直接拒绝交流，你一定会感到十分痛苦。

我接诊过一名患者，相关经历至今难忘。

当时，这位患者刚刚入院。

我们竭尽全力希望与之真诚交流，但是一切手段或者协助似乎都没有用，一度令人感到绝望。

他无法冷静，用药、打针都无济于事，甚至对眼前的食物都不愿去碰，着实令人为难。

我们不知他想干什么。就这样，由于没有摄取充足的营养，他逐渐变得羸弱。

一般来说，对于实在无法沟通的患者，作为医生，我们都是先为其创造一个安静良好的环境，让他们在无声的世界中过上一段时间。

虽然我们想"听一听他的声音"，但是事与愿违。

这样的经历让我们意识到，别人的心情我们未必都能理解。

这时候，我们只需要不计辛劳地付出爱心。

也许，需要走很多弯路，但这或许也是一种交流。

这虽然是医患之间的经历，但是对普通人来说，应该也有参考意义。

7

拒绝也是爱的呈现

*

被请求或者遭显摆虽然是两码事，但是无论是哪一个，要是你觉得会给自己带来不安或者不平，不如干脆拒绝了事。拒绝，我们也要学会。

//

人分为两种。

一种人可以断然拒绝别人，另一种人则优柔寡断。

我自己就属于后者，因此每每令自己感到苦恼。

事实证明，要想自己不被烦事纠扰，要想自己的心情更好，就得要学会拒绝。

请问各位，你们属于哪一种呢？

70多岁前，我经常受检察厅委托，对相关事件的嫌疑人进行精神鉴定。精神鉴定很费时间，而且做这些事对我们医院的发展也没有什么大的帮助。

我的真实想法是：如果确实对医院的发展很有帮助，那么即使勉为其难也得接受。

我虽然觉得麻烦，但是当对方邀请的时候，我还是勉为其难。

有一天,检察厅负责人打来电话,告诉我进行精神鉴定的事,并问我"本周三的上午或下午有没有时间"。

然后,又紧接着说"希望我下午1点过来"。对此我表示同意,然后挂断了电话。

几分钟后,电话再次响起,告诉我:"您既然早上也有时间,如果方便的话早上还有一个嫌犯需要精神鉴定……"

当时我未加思索,非常坦率地回复说"早上和下午都可以",就接受了一天对两个人进行精神鉴定的邀请。

接完电话,我忽然想起正奋斗在医院一线的同事和需要照顾的患者。

从数量上看,医院人手倒是够。加之周三休诊,也不会直接给患者带来麻烦。

然而,我还是意识到"不能这样被牵着鼻子走"。

当然,精神鉴定属于公益事业,每个人也都有积极配合的义务。甚至有人认为,别人委托你做,你应该感到光荣才是。

作为医生,我也相信这么做没错。

但是,作为医院的经营者,到底正不正确,则难以言说。

为了自己以后不发牢骚,为了以后没有太大压力,我最终决定放弃去鉴定。

我的做法,且作"他山之石"吧。

也就是说,要想保持健康的精神状态,一定要擅长与人交涉,或者学会巧妙拒绝。

第五章

愿你被这个世界温柔以待

*

1

一点一滴,也许就能帮助别人

*

当你觉得能给人愉悦时，你就会感到非常充实。因此，在今后的生活中不要总想着竞争，也不要太在意别人的评价，而应边贡献边活着。

//

我的母亲一生基本不曾患病，一直活到96岁寿终正寝。

从60多岁开始，她就和我生活在一起。

作为精神科医生，我经常忙忙碌碌，而母亲则忙前忙后，为我做一些日常事务。

对我来说，母亲的关爱无时无刻不存在。

只是到了晚年，母亲有些健忘，我担心用明火做饭可能引发危险。

如果母亲因做饭而起火，那将是不堪设想的后果。

我思前想后，决定不再让母亲下厨。

然而，母亲对我的想法毫不在意，每天早上照例打开煤气。

有一次，我出门前忘了关闭煤气阀门，当我晚上回到家中,发现厨房的餐桌上,已然整齐地摆放着做好的饭菜。

这是母亲的杰作。

我装作若无其事,迅速走向餐桌。

饭做得很好,但是我还是忍住没有说出"真好吃"三个字。因为如果一旦这样说了,母亲肯定还会再做。

但是这样一来,也隐藏着危险。

我狠了狠心,吃饭期间一句话也没说。

这时候,母亲窃窃地看着我的眼睛。

她的表情,有些难以言说。

但同时,似乎也洋溢着一种满足,想告诉我"不用想太多,饭是妈做的呀"。

不过,这也是母亲最后一次亲自为我做饭了。

我想,如果要是有个三长两短,后果将不堪设想。

于是乎,我决定把母亲委托给弟弟照管。

此后不久,母亲就去世了。母亲为我付出了太多,也许这就是她的人生目的和意义。

当我想着"为别人做点事"时,基本不会想到家人,而是医院的同事或者患者。

其实,"为别人做点事"的想法,这里的"别人"无论是对家人、至亲还是其他人，都能让自己健康快乐。无论你的物质条件多么丰富，但如果一生都不能为别人做点事，那么注定彻底孤独。

发挥自己的能量，并不是什么惊天地泣鬼神的壮举。

即便是一点一滴，也是伟大的"贡献"。

比如，想一想晚年的母亲为你所做的"最后的奉献"。

虽然每个人的生活习惯、生活环境各不相同，但是这些都是无可取代的付出。

重要的是，这些人都在为我们提供力所能及的帮助。

你的父母为你这样做的时候，请大胆地向他们表示感激，给予他们应有的赞许。

也许这才是对父母最大的鼓励。

2

多说温馨的话语

*

若能为他人着想说一些温馨的话语,就可能收到幸福的回报。因此,我们应该成为善用温馨话语的人,并以更多的温馨来关爱他人。

//

上了年纪,就不会过于在意穿着打扮。

当然无论何年何月,衣服合身、穿着整洁,让人觉得漂漂亮亮都十分重要。

不过仅仅如此,充其量只能算及格了一半。

心灵之美,更加重要。

这么一说,很多人可能会问:"心灵之美,到底是什么?"我觉得一个重要指标,就是"将温馨的语言赠予别人"。

对此,我想起了小学时代自己的恩师。

上小学的时候,我的恩师才30来岁。

她总是和颜悦色,能给人带来温馨的感觉。

此后,时光流逝。

大概30年前,我参加了小学聚会。当我再次见到恩师，依然被她的魅力所折服。

也许，这就是她"语言的魅力"。

恩师的温馨话语一直萦绕在我的内心，一时一刻也未曾消减。

我听到恩师要参加小学聚会，心里就有些矛盾。

想到恩师已经90多岁高龄，坦率而言，刚开始我还真有些担心见她。

依我想来，曾经美丽温柔的老师，也许早已经变成了连腰都直不起来的孤独老太太。对此，我心存不安。

然而当我再次见到她时，她依然穿着整洁的和服，宛若女神一样。

我激动不已，与老师拥抱。

然后，老师说了一句："啊，你都长大了呀。"

在老师看来，我还是那个童真的小姑娘。

随后，我们开始谈了起来。

我不由自主地提起了母亲，说："母亲96岁无疾而终，去世之前，还在为我做这做那。"

老师不时点头，并微笑着听我倾诉，鼓励我说："你已经很孝顺了，母亲有母亲的价值追求，也正因为如此，她才能够如此长寿。"

当我痛苦或疲惫不堪的时候,老师的这番话总能给予我莫大的慰藉。

因此,我也希望成为传递温馨话语的人。

今天,我先默默祈愿。

3

到了一定岁数，就不要太念往昔

*

有人在面对退休的时候,深切感到难以接受。然而,不管多么不情愿,也要按照自己的方法和节奏继续发挥热量。

//

我们兄弟姐妹六人,其中两男四女,我在姐妹中排行老二。

在这里,我想谈一谈我的弟弟由喜雄。

我的弟弟由喜雄在秦野医院和我一起工作过25年,并一直担任医院的事务长,直到65岁退休。

他原本在林业省(现在的农林水产省)当公务员,后来应我所请而辞职,帮我开办刚刚起步的秦野医院。

他业务能力很强,为医院的发展和组织建构奠定了坚实的基础。

由于当过公务员,他很优秀,在外界看来做事也很靠谱。

后来随着年龄的增长,他竟然在新的环境中也能受到大家的尊敬。

一切都是从他退休开始。

65岁的时候,他由于眼睛不好,交接了工作之后选择退休。

此后,他做了视网膜剥离和白内障手术,视力得到了恢复。

如果眼睛没有出现问题,他应该还在医院工作。

治完眼病之后,他开始在市营停车场工作。

有一次,他略带玩笑地说:"开始工作的时候,我跟那些经过停车场的年轻学生打招呼,但是大家却没搭理我。然而过了几周后,学生竟然都跟我打招呼,这样的变化真让人高兴。"

说到这里,他的脸上洋溢着自信和充实感。

在别人看来,这也许就是小事。

然而在我看来,这既是喜悦,也是激励。

他这种重视与人沟通的态度,是他人品的真实反映。

即使别人没有反应,他依然坚持打招呼。

如此不求回报,只希望带给别人幸福之音。

也许有人觉得这么说有些夸大,但是以这样的姿态生活,大概才是人生幸福的源泉。

4

太多的人都忘记了"奉献的快乐"

*

物质的极大丰富给我们带来了幸福，我们因此纵享欢乐的生活。这些，当然都是无法替换的幸福基础。然而，只有帮助别人，才是幸福的最高限度。

///

我曾说过，我20多岁的时候去过青岛。

当地人对我不错，我也没有感受到生活中有什么不自由。

在那里，我遇到了日本传教士清水安三先生，我的人生观也因此发生改变。

和清水先生相识后，我才意识到我是生活在何等幸运的环境中。因为，在同一个地球上，很多人正在经受着巨大的苦难。

我终于明白，要想为社会做贡献，就必须为"更苦难的人"提供实在的帮助。

想到这里，我开始重塑信仰。

对此，我想讲一个故事。

从前，有一个父亲有两个儿子。有一天，小儿子希望父亲把属于自己的那部分财产分给他，父亲也确实按照他的说法分了。

小儿子带上这些钱远游，四处放浪，不久钱就花了个精光。这时候，平时和他称兄道弟的酒肉朋友也都消失得无影无踪。

这样一来，他很快饥寒交迫，吃饭都成了问题。无奈之下，只得为别人放猪。但是，饥贫的生活依旧，他甚至想吃猪饲料来充饥。

这时，他想起了家中的父亲，说："我父亲有那么多雇工啊，粮食也很充足。我在这里只能饿死了，我要回家去向他悔罪，对他说：'我得罪了天，又得罪了您，今后我都不配当您的儿子，您就把我当作一个雇工吧。'"

于是，他便动身回家。看到这位远离家乡许久的孩子，父亲便动了怜悯之心，跑过来搂着孩子，连连吻他。儿子忏悔道："我得罪了天，又得罪了您，今后我不配当您的儿子。"

这时，父亲赶紧让人给他换上好的衣服，把戒指给他戴上，把鞋给他穿上，然后还把牛犊牵来宰了，为儿子祝福。那位父亲说："我这儿子是死而复活，失而复得。"

然后，宴会开始。

这个故事，有多重解释。

有人认为用浪子来比喻美好生活，有人认为这其中隐含着批判的味道。

不管怎么说，这个放荡不羁的孩子能够改头换面，说出"把我当一个雇工"的话，着实令人感动。

"把我当一个雇工"这句话，我铭记于心。

如果能以这样的心态来生活，那将此生无悔。

5

没有语言，就无法传递温暖

*

不管你多么温柔,只要没有表达,没有付诸行动,对方就很难感知到。因此,也许在别人看来,你毫无温柔可言。既有具体的行动,也有温柔的语言,你的人际关系会更加和谐。

//

我曾经与一位事业有成的名流有过交流。

关于自己的儿子,他向我说了很多。

他的儿子升入高中后,以"自己想去男女共校的高中"为由,一直和他对着干。

他的儿子一整天基本上就是瞎玩,也不怎么学习,有时候在房间把音乐声开得很大。

于是乎他忍无可忍,说:"如果你看不上男校,那就别上了。"就这样,他儿子就不上学了。

对此,他将儿子的问题归咎于妻子,诘问妻子"今后如何是好"。

很多家长都因为孩子的青春期叛逆而向我寻求良方。

大家共同的烦恼是"年轻人的问题太难解决"。

坦白说，上面这个家长就是拿孩子毫无办法。

然而他对孩子是真爱，并希望自己能够为孩子做些什么。我想，这正是问题的突破口。

对此，我提出了以下建议："既然您听到孩子把音乐声放得很大，作为'修行'，您不妨找个机会和孩子一起听一下；如果孩子说自己不去学校，那就意味着有时间，作为父亲，您不妨也腾出时间，和孩子一起体验一次美食，或者找时间和孩子一起出去玩一玩。"

这位父亲说"那我就试试"，然后离开了我的诊室。

几个月后，他告诉我，孩子已经开始自觉上学了。

像这位父亲那样，谁都希望家人一切安好。

可以说，帮助家人，给家人带来喜悦，是一个人本能的愿望。这是善，也是美。

不过在实际生活中，虽然心里这么想，但要表达真实的想法却非常困难。

因此不管怎样，即便是从小事做起，也要尽可能地用语言和行动来表达自己对家人的关爱。

当然，也不仅仅局限于家庭内部。

人活着，只有用语言和行动将自己的关爱表达出来，才会更加充实而有意义。

6

突如其来的电话，有可能是"永别"

*

突如其来的电话,却成了和那个人的最后通话。随着年龄的增长,这样的情况会多起来,这可真令人悲痛。因此,有些冷不丁的消息,确实令人难以接受。

///

人生,总会遇到很多突如其来的事,令人悲苦万分。

如果是自身能够承担的责任,有可能会觉得"当时确实是没有办法"而接受现实,但如果此事涉及别人,悔恨之情可能就会持续很久。

每个人都会对难以挽回的事懊悔不已,但又无能为力。

对此,我想谈谈我的实际经历。

我至今最大的憾事之一,和一位女患者有关。

作为医生,患者突然联系我们是十分平常的事。

有一天,我就接到了一位女患者的电话。

我记得是傍晚,我已经下班。

电话那头,她说:"我从名古屋过来,不知道如何是好。"

我问她:"你怎么了,现在在哪里?"

她回答说:"现在在宾馆。"

我告诉她:"我马上回诊室,你赶紧过来。"

之后,她挂断了电话。

面对这样突如其来的事,我也不知道发生了什么。我只是觉得"应该还好吧,大概就是看门诊的吧",于是我并没有太过在意,只是收拾东西返回医院。

之后我才知道,她是从四楼跳下来的。

她伤势很重,好在没有生命危险。

在此之后,我对患者打来电话的重要性和复杂性,有了更为谨慎的态度。

几年之内,我都无法释怀,觉得"我接那个电话的时候,为什么不能反应快点,应对得更及时一点"。

以此为契机,我也承担了"生命连线"电话的接话工作,成为一名服务该领域的志愿者。

有人觉得我主动当志愿者,真是勇气可嘉。

但是面对那位女患者我什么也没做,这样的负罪感真是难以磨灭。

作为这样一个不成熟的过来人,我想告诉大家的是如果身边有人突然打来电话,或者有急事突然找你,请你不要犹豫，一定要积极应对。

有可能你会觉得"太麻烦"或"太棘手"。

但是在我看来，人生都是孤零零来，孤零零去。

然而在生命的途中，有可能会遇到有缘之人的呼声。

即便你不能给予对方及时的帮助，但也可能温暖对方的内心。

常言说"人生就是一期一会"，说起来容易，要是有人找你，希望你能真诚面对，用心回应。

这样，我们的人生，将少很多后悔，多更多温暖。

结语

*

非常感谢大家认真看完本书。

不知道现在大家有没有找到自己人生的尺度？

我想即便是找到一个不错的点，都可以让我们的内心提升很大空间。

如果这样，那将是我最大的快乐。

既不要过于拼命，也不要自甘堕落；

既不要一味忍耐，也不要常烦他人。

找到这样的尺度和平衡，大概是每个成年人应有的能力。

我年过百岁，觉得自我调节非常重要。所谓活着，其实就是寻找人生的价值尺度。

如今，社会上流传着各种各样的健康信息。

诸如"某某健康法""某某食疗法"等，这些真的能够保证每个人健康长寿吗？

或者说，内心一味地追求健康之道，难道就不会有问题？

说来说去，我都希望大家根据自己的实际情况，找到适合自己的生活方式，确立好自己的价值尺度。

这样一来，人生才会变得更加精彩，更有深度。

在喧嚣的世界里，

坚持以匠人心态认认真真打磨每一本书，

坚持为读者提供

有用、有趣、有品位、有价值的阅读。

愿我们在阅读中相知相遇，在阅读中成长蜕变！

好读，只为优质阅读。

人生不必太用力

策划出品：好读文化	装帧设计：陈绮清
监　　制：姚常伟	内文制作：尚春苓
产品经理：姜晴川	责任编辑：夏应鹏
特约编辑：侯季初	

图书在版编目（CIP）数据

人生不必太用力 /（日）高桥幸枝著；范宏涛译. —北京：北京联合出版公司，2021.11
ISBN 978-7-5596-5544-8

Ⅰ.①人… Ⅱ.①高… ②范… Ⅲ.①人生哲学—通俗读物 Ⅳ.①B821-49

中国版本图书馆CIP数据核字（2021）第183828号

北京市版权局著作权合同登记　图字：01-2021-5641

100 SAI NO SEISHINKAI GA MITSUKETA KOKORO NO SAJIKAGEN
Copyright ©Sachie Takahashi 2016
Chinese translation rights in simplified characters arranged with ASUKA SHINSHA INC
through Japan UNI Agency, Inc., Tokyo and ERIC YANG AGENCY

人生不必太用力

作　　者：[日]高桥幸枝
译　　者：范宏涛
出 品 人：赵红仕
责任编辑：夏应鹏
装帧设计：陈绮清

北京联合出版公司出版
（北京市西城区德外大街83号楼9层　100088）
河北鹏润印刷有限公司印刷　新华书店经销
字数93千字　787毫米×1092毫米　1/32　6印张
2021年11月第1版　2021年11月第1次印刷
ISBN 978-7-5596-5544-8
定价：49.90元

版权所有，侵权必究
未经许可，不得以任何方式复制或抄袭本书部分或全部内容
本书若有质量问题，请与本公司图书销售中心联系调换。电话：(010) 82069336